U0274802

暖男食堂

Pretty boy × Delicacy

李未东等 ◎ 著

新疆 人民出版总社

新疆 人民卫生出版社

图书在版编目（CIP）数据

暖男食堂/李未东等著. --乌鲁木齐:新疆人民
卫生出版社, 2016.8
　　ISBN 978-7-5372-6653-6

　　Ⅰ.①暖… Ⅱ.①李…Ⅲ.①食谱 Ⅳ.
①TS972.12

中国版本图书馆CIP数据核字(2016)第150459号

暖 男 食 堂

NUANNAN SHITANG

出版发行	新疆 人民出版总社 新疆人民卫生出版社
责任编辑	胡赛音
摄影摄像	深圳市金版文化发展股份有限公司
策划编辑	深圳市金版文化发展股份有限公司
封面设计	深圳市金版文化发展股份有限公司
地　址	新疆乌鲁木齐市龙泉街196号
电　话	0991-2824446
邮　编	830004
网　址	http://www.xjpsp.com
印　刷	深圳市雅佳图印刷有限公司
经　销	全国新华书店
开　本	145毫米×210毫米　32开
印　张	3.5
字　数	200千字
版　次	2016年8月第1版
印　次	2016年8月第1次印刷
定　价	35.00元

·前言·
introduction

折一枝花，煮一碗人间烟火；遇一个人，携一生相伴天涯。

行走在满目繁华的都市，历经尘世的喧嚣与嘈杂，心中依旧留有一块净土，不为其他，只因为你。看着你，便能让我的心变得柔软，很快地安静下来。

无论是你含羞时的嘴角，还是，你生气时的眉梢，都让我觉得特别美，美得让我这个一直不愿做饭的人，也愿意每天起来为你做早餐。

不为其他，只因你曾对我说，在你眼中，会为你做饭的男生最帅。

有人说，陪伴是最深情的告白。那么，美食又是什么呢？

有多少种食物，就有多少种味道，就有多少种调料，就有多少种情调。面对着不同的食物，你会想到什么，是单纯的食物好吃与否，还是食物的烹饪过程，或者是愿意陪你品味美食的人，甚至是你想为之做饭的人？

对于不同的人而言，同样的美食，有着不同的价值与意义。

或许，美食会因地域差异和时代环境而不同，然而，人们对美食的喜爱，却从未改变。

无论时光流转了多久，无论空间相隔了多远，无论与你离别了多少年，我依旧相信你会与我一样，会因为一道美食想起一个人，也会因为一个人想起一道美食。

目录

Part 1

食之色也

CHAPTER

01

异国风味的夜宵
Shine Boy Diner

不眠之夜

长夜漫漫

无心睡眠

闭上眼时

脑中浮现的全是你的身影

还有那些

我们相处的时光

你的一颦一笑

总能轻易地牵动着我的心

曾经那般笨拙的我

为你学会一道道你钟爱的美食

一个人的夜晚

身旁少了熟悉的温度和味道

辗转难眠

无心入眠的漫漫长夜

不如享受一顿异国风味的夜宵

拼凑着和你的回忆

独自一人在案台前忙碌

照烧鸭腿

准备食材

鸭腿1只○桂皮适量○月桂适量○花椒适量○八角适量○豆蔻适量○酱油20毫升○味啉20毫升○甜面酱适量○白砂糖适量

工具

刀○玻璃碗○喷枪○寿司卷帘○平底锅○盘子

▶▶▶ 做法

❶ 将鸭腿用清水洗净,洗去鸭腿上的血水。

❷ 将鸭腿入刀处理,使其更易入味。

❸ 用小刀把鸭腿剖开,剔去骨头。

❹ 去骨后用刀背把鸭腿肉拍松。

❺ 在沸水中倒入适量的桂皮、月桂、花椒、八角、豆蔻。

❻ 再放入鸭腿一起炖煮约15分钟。

❼ 煮好后盛出鸭肉,置于卷帘上,将多余的水沥干。

❽ 用喷枪将鸭皮表面烤至金黄酥脆。

❾ 在热锅中倒入三勺酱油、三勺味啉、适量甜面酱和白砂糖,将其混合烧制成照烧汁。

❿ 将烤香的鸭腿肉切块,装盘,淋上秘制酱汁即可。

02

果香味浓的鸭胸肉
Shine Boy Diner

法式浪漫

你想要一顿浪漫的晚餐

我便尽我所能满足你的要求

就像以往

我为你做的 能够让你开心的事

自古君子远庖厨

而我 甘愿做你一个人的专属厨师

橙香煎鸭胸肉

用一餐法式料理捕获你的胃

用简单的浪漫去诠释法式情怀

想着你

认真地料理着手里的鸭肉

撒上些许配料腌渍入味

就像我对你的爱

一点一滴浸透你的生活

上锅慢煎

待其完全熟透浇上白葡萄酒

如同我们的爱情

日渐成熟只待结果

最后加以橙肉薄荷点缀

在你惊讶的眼神中

端盘上桌

牵起你的手

为你展开一场法式浪漫

cheng xiang ya xiong rou

橙香鸭胸肉

准备食材

鸭胸肉1块○现磨胡椒粉适量○海盐适量○白葡萄酒少许○鲜橙1个○白砂糖适量○薄荷叶适量○黄油适量

工具

叉子○平底锅○刀○盘子

►►► 做法

❶ 用清水将准备好的鸭胸肉洗净。

❷ 揉捏鸭胸肉使其变得松软嫩滑。

❸ 用叉子在鸭胸肉上戳出小孔，待烹饪时更容易入味。

❹ 在鸭胸肉上撒上现磨胡椒粉，和海盐一起进行腌渍。

❺ 将平底锅烧热，将鸭肉煎至金黄，淋上少许白葡萄酒。

❻ 将鲜橙切块，切去外皮，取鲜橙果肉熬酱，留取部分摆盘待用。

❼ 黄油入锅融化后挤入鲜橙汁，加入白砂糖勾芡，将其熬至黏稠。

❽ 摘下新鲜的薄荷叶，用水冲洗干净待用。

❾ 把鸭胸肉切片，将其与鲜橙果肉一同摆入盘中。

❿ 将调好的酱汁淋在鸭胸肉上，用薄荷叶点缀即可。

CHAPTER

03

浪漫的奶油意面
Shine Boy Diner

意大利面之恋

烧开水　放入面
看着翻滚的云烟
不由得想起了你
温柔娇美的容颜
一时间融化了我的心田
如同锅中这变幻的意面
坚硬如铁的身躯
沸腾中变得柔软
兴奋得不由自主
流露出些许微笑

蒜香奶油海鲜
意大利面

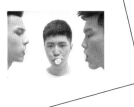

蒜香奶油海鲜意大利面

准备食材

意大利螺旋面 250 克○青口贝 80 克○虾仁 30 克○鱿鱼圈 50 克○黄洋葱 300 克○蘑菇 30 克○蒜头 15 克○橄榄油适量○盐适量○淡奶油适量○黑胡椒粉适量○黄油 20 克

工具

刀○平底锅○网状漏勺○木勺○盘子○锅

▶▶▶ 做法

❶ 将青口贝、虾仁、鱿鱼圈用清水洗净待用。

❷ 用刀把洗净的蒜头切成末、黄洋葱切丁、蘑菇切片处理。

❸ 水煮至沸腾后加入少量盐,放入螺旋面后,待水煮开加入一勺橄榄油,焖煮 8 ~ 10 分钟。

❹ 将煮熟的意大利面捞出来过冷水,约一分钟后用网状漏勺捞出沥干多余水分。

❺ 热锅后放入黄油融化,加入黄洋葱丁和蘑菇片进行煸炒,最后倒入淡奶油熬制成白酱。

❻ 再次热锅,将蒜末和黄洋葱丁煸炒出香味后,倒入鱿鱼圈和虾仁,最后加入青口贝翻炒。

❼ 海鲜炒熟后倒入先前制作好的白酱和意大利螺旋面一起翻炒,加入盐和黑胡椒粉进行调味,最后盛出摆盘。

CHAPTER

04

面面俱到

Shine Boy Diner

chao mian
炒面

我喜欢炒面

最堕落不过午夜路边的炒面

裹着油的炒面　闪着光的欲望

明知不该放纵自己

但就像我放纵你一样

一次次对你臣服

那是一种

每到深夜都会想念的味道

一口接一口

心甘情愿　不计后果

da chang mian
大肠面

我喜欢大肠面

面中另类的代表

就像我和你们不一样

入口即化的大肠

一口鲜香的汤底

不用说任何话

味道告诉你一切

我喜欢你

也喜欢大肠面

所以你以为你是谁

ga li wu dong mian

咖喱乌冬面

我喜欢咖喱乌冬面
粗滑软劲的乌冬
顺着舌尖滑入喉咙
穿肠入胃
归于尘埃
恨自己没有乌冬的勇敢
能爱你爱到毁灭自己
和咖喱的味道碰撞
就像我们之间
久久不能忘怀的情感
强烈而直接
毫无芥蒂

cong you ban mian

葱油拌面

我喜欢葱油拌面
每一次吃我都会问你
"你怎么可以吃葱油拌面不喝
一口水？！"
你说你也不知道
你看着我吃惊的表情
眼里满是宠溺
那是百看不厌的风景
我们之间简单直接
没有任何顾虑
爱憎分明

兰州拉面

泡面

我喜欢兰州拉面
因为你一清二白好似这碗拉面
说不出来有什么好
但又没有那么简单
只是觉得我们的关系好像拉面
无数次被拉开距离
又一次次重归原位
若即若离的感情
爱恨抵消　爱恨发酵
可我好像才开始慢慢领悟到
你的好

我喜欢泡面
试问有什么能像泡面
在短短的时间里
给我最实在的安慰
即刻便能填满我的胃
温暖有些颤抖的身躯
如同爱情
有时简单粗暴
却很美妙　很美妙

CHAPTER

05

爱的方程式
Shine Boy Diner

爱
情
论

爱情　不过是多巴胺分泌下的错觉
刹那狂热　意乱情迷
这种古柯碱一样的成分
一年　两年　三年　四年
终会消逝　无声无息
回忆　不过是神经元上的电位
经由突触偶尔对大脑皮层产生刺激
停留脑中的喜怒哀乐　仅是表象
假设只有经过验证才能成为确凿的
结论

万事万物遵循各自的逻辑推理
我只对解开不可思议的现象感兴趣
从没想到
你的出现　即是不可思议
你　从来不照常理出牌
不依于验证　不归于逻辑
不属于任何科学领域
我甚至来不及理性分析

你是一轮免疫系统阻挡不了的攻势
一瞬耳鸣　心跳漏拍　呼吸不及
不再只是医学病征
我病得不轻
即使远隔千里　一对纠缠粒子
依然感应强烈

细胞开始进化动力　是为了数亿年
之后　让我来见你

lu sun dan pei lan mei yu zhi jiang

芦笋蛋配蓝莓鱼子酱

准备食材

蓝莓 250 克○白砂糖 40 克○柠檬半个○钙粉 9.8 克○海藻粉 2.6
克○纯净水 1500 毫升○南瓜 250 克○芦笋 150 克○黄油适量○
黑胡椒适量○盐适量

工具

锅○刀○滤网○电动搅拌器○滴管○漏勺○榨汁机○量勺

 步骤 1　**蓝莓鱼子酱制作**

▶▶▶ 做法

❶ 蓝莓洗净入锅，加入 25 克白砂糖和柠檬汁腌渍出水。

❷ 加入 300 毫升水，用大火煮开，搅拌，约熬煮 20 分钟。

❸ 过滤蓝莓汁，将果汁过滤待用。然后加入 1.6 克海藻粉，
　 用电动搅拌器进行搅打。

❹ 在 100 毫升的纯净水内加入 6.8 克钙粉，搅拌溶解。

❺ 将蓝莓汁静置 2 小时，直到其呈黏稠状。

❻ 用滴管吸取果汁滴入钙水中，鱼子酱成形后用漏勺从钙水中捞出。

❼ 倒入纯净水浸泡，几分钟后捞出，放置一旁备用。

步骤2　**南瓜蛋黄**

▶▶▶ 做法

❶ 锅中加入 15 克白砂糖和适量清水熬成糖水。

❷ 南瓜洗净去皮切块，取部分放入锅中蒸煮约 30 分钟。

❸ 将剩下的南瓜和糖水加入榨汁机，榨成南瓜汁。

❹ 加入 1 克海藻粉用电动搅拌器充分打匀。

❺ 将 3 克钙粉加入 500 毫升的纯净水中化开。

❻ 用量勺舀一勺南瓜放入钙水中，等待其完全凝固后用清水多浸泡几次。随后捞出，放置一旁备用。

步骤3　**黄油芦笋**

▶▶▶ 做法

❶ 将芦笋洗净去除根部，然后热锅加入黄油。

❷ 黄油融化后倒入芦笋，翻炒之后放入盐和黑胡椒调味。

❸ 将炒好的芦笋放在盘中，加以数颗蓝莓点缀。

❹ 再将南瓜蛋黄放在芦笋之上，撒上蓝莓鱼子酱即可。

CHAPTER

06

一起吃炸鸡

Shine Boy Diner

最佳搭配

夏天

最适合恋爱的季节

所有一切都来得刚刚好

不多一丝

不少一毫

沐浴在阳光下的我们

绽放爱的火花

吃着炸鸡

喝着啤酒

简直是这一季节的一大乐趣

一起吃炸鸡吧！

zha ji pi jiu

炸鸡啤酒

准备食材

鸡翅 200 克○面粉 100 克○鸡蛋 50 克○生抽适量○盐适量○色拉油适量○
蒜末 8 克○韩式辣酱 10 克○番茄酱适量○白糖适量○青柠半个○欧芹碎适
量○啤酒 300 毫升

工具

玻璃碗○锅○搅拌器○网状漏勺○食品夹○盘子

▶▶▶ 做法

❶ 将鸡翅洗净待用。

❷ 在碗中倒入生抽和盐腌渍鸡翅。

❸ 另置一碗，倒入面粉和鸡蛋，用搅拌器进行搅拌，制成炸浆。

❹ 把腌渍好的鸡翅放进碗中裹上炸浆。

❺ 热油锅，用食品夹将鸡翅放入油锅中油炸鸡翅。

❻ 等到鸡翅炸至颜色金黄后，起锅用网状漏勺沥干油分。

❼ 热锅，倒入蒜末、韩式辣酱、番茄酱、白糖、生抽，熬制辣椒酱。

❽ 将炸好的鸡翅裹上辣椒酱，放置盘中，再摆上未裹酱的鸡翅，撒上
欧芹碎，加以青柠点缀，配上一杯啤酒即可食用。

法式香草羊排
Shine Boy Diner

态度

太阳的升起落下是自然的规律

是你所不见的节奏

我内心的悸动是遇见你后的不规律

是你所不知的情愫

我要用音乐告诉你

我爱你的节拍

生灵的诞生衰老 周而复始

是地球自然不变的定律

音乐是不会死亡的情书

是跨越种族语言的态度

快速拨动琴弦的手指

颤动的琴弦

飘流于空气中的汗液

那是年轻的味道

是抛开世俗

做最真实的自己

黑暗中沉默的呐喊

光明下狂妄的嘶吼

超脱肉体的灵魂

是一个前所未有的自己

拥有着至高的愉悦

过去的所作所为我分不清好坏

过去的光阴流逝我记不清年代

我曾经以为的世界现在全不明白

我忽然发现眼前的世界并非我所在

如果注定现在就是漂泊

那我无法停止内心的狂热

对梦想的执着

以及你的种种

做爱做的事

放肆心中的自我

这是一种态度

香草羊排

羊排 1 块○迷迭香、欧芹各适量○面包糠 50 克○大蒜 5 克○胡萝卜 100 克○小土豆 135 克○豌豆适量○彩色番茄数颗○洋葱 1 个○南瓜 200 克○盐、黑胡椒、橄榄油、芥末酱各适量○奶油奶酪各适量○牛奶适量

工具

刀○锅○电动搅拌器○搅拌机○烤箱○盘子

▶▶▶ 做法

❶ 洗净蔬果，用刀将胡萝卜和小土豆削皮，洋葱、大蒜洗净切小备用。

❷ 将羊排切去油脂后撒上盐和黑胡椒，用手抹均匀腌渍一段时间。

❸ 将胡萝卜、小土豆、豌豆汆水备用，再加入少许盐。

❹ 在锅内放入橄榄油，油热好后放入腌渍好的羊排将其煎至金黄离火。

❺ 把洋葱、大蒜头、小番茄、盐和橄榄油搅拌均匀后铺在烤盘上，放上羊排，再将其放入预热好的烤箱，以上下火 185 ℃烤制 15 分钟。

❻ 将南瓜去皮去籽切块，和蒜片一起煸炒，加入少许盐和黑胡椒调味，再加入水、奶油奶酪和牛奶一起煮烂。

❼ 然后用电动搅拌器打碎，制成南瓜酱，再将欧芹、迷迭香、大蒜切成末，与面包糠一同放入搅拌机内，加入适当的橄榄油搅拌均匀。

❽ 把烤好的羊排表面抹上芥末酱，然后把羊排放在铺好的香草碎上，让羊排裹上一层香草碎，再放入烤盘，将其烤制 10 分钟。

❾ 烤好后稍微放凉后切开，再摆上烤好的蔬菜进行摆盘即可。

08

仲秋栗蓉绿茶月饼

Shine Boy Diner

遇见幸福

炉烟袅袅

寻找过往的丝缕

思绪间　映红了脸颊

留一串相思氤氲

萦绕眼前似有若无

指尖的沙偷偷地溜走

沿着指间悄然滑落

飘散在了风里

风吹散了思念

你悄然离去

如岁月般　无声无息

无数次幻想着左手牵着右手

在黑夜　路灯投射出寂寞的身影

浓缩时光的剪影

将你深深镌刻在岁月里

然后明媚一生

走过你眺望过的高楼

望穿眼前的一切

呼吸着　你的呼吸

再次点燃　哪怕只有片刻的欢愉

一颗心在尘世中依然温暖

因为我知道

没有你的日子

你要我笑靥如花

你我各守一方天空

每晚共享着同一轮明月

仲秋
绿茶栗蓉月饼

如今终于再次相聚

心定格在这一刻　开出满树繁花

你唇边温润的笑意

依旧是我掌心里的暖

一季花开　遇到爱　即是圆满

一次回眸　遇到你

我便知幸福来了

绿茶栗蓉月饼

准备食材

板栗 150 克○糯米粉 45 克○澄粉 20 克○黏米粉 35 克○牛奶 185 毫升○植
物油 20 毫升○砂糖 50 克○绿茶粉 10 克

工具

月饼模具○锅○蒸锅○搅拌机○网状漏勺○木铲○搅拌器○筷子

▶▶ 做法

❶ 热锅加水，将洗净的板栗在沸水里煮熟，用网状漏勺捞出，凉凉后
取出栗仁肉。

❷ 将栗仁肉加水用搅拌机打成栗蓉。

❸ 把栗蓉倒入锅内，加入砂糖以中火加热，用木铲一直炒到糖溶化。

❹ 在锅中加入植物油转小火继续翻炒，将水分慢慢炒干，每次都要炒
到油完全被栗蓉吸收以后，再加下一次，直至栗蓉不粘锅，在锅内自
成一团，关火放凉待用。

❺ 将牛奶、植物油和砂糖混合。

❻ 加入糯米粉、黏米粉、澄粉、绿茶粉用搅拌器搅拌均匀。

❼ 蒸锅放水烧开，放入面糊蒸约 20 分钟至熟。

❽ 将蒸好的面糊用筷子朝同一方向搅拌，然后放凉，即成冰皮。

❾ 等到面团冷却以后，用手揉搓，将其分成等量的小份。

❿ 取适量的栗子泥揉成团，冰皮和栗蓉比例按个人喜好配制。

⓫ 把冰皮按薄，包上栗子馅，用模具压制成型即可。

Part 2

暖昧情愫

CHAPTER

01

甜甜绵绵的情愫
Shine Boy Diner

棉花糖的爱恋

一直以为轻是这样的
似风　悠扬而不拘束
一直以为亲是这样的
温柔又甜蜜
在最好的时光遇到最好的你
轻不亲　都爱上你
所有的认知都愿为你改变
愿把心做给你吃
一个一个落地轻盈
喜欢你像棉花糖
甜甜的　绵绵的
有你的世界都变得不同

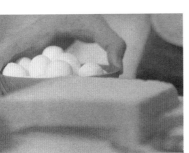

准备食材

吐司2片○棉花糖适量○花生酱适量○巧克力酱适量

工具

抹刀○烤箱

▶▶▶ 做法

❶ 准备一片吐司和花生酱，用抹刀在吐司上薄薄地抹上一层。

❷ 将棉花糖逐粒摆放在吐司上。

❸ 将棉花糖厚片放入烤箱内以上下火180℃烤制约两分钟，至棉花糖表面微焦黄即为烤好。

❹ 烤好后取出吐司，在其表面淋上巧克力酱即可食用。

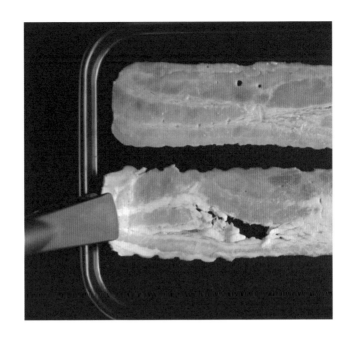

02

糖心牛油果

Shine Boy Diner

爱上最简单的你

轻轻地划过你每一寸肌肤
如凝脂　如白玉
内心看似坚强
而懂你的人才知道你的软肋
即便如此
我却依旧偷走了你坚定的心
因为想用我最柔软的一面
去填补你身体的空洞
肉欲滋发
空气里弥漫了香味
我包裹你
你填满我
一切来得恰如其分
爱得分毫不差
我一层层剥开你的内心
逐渐看清这纷扰的世界
此刻的我　更加确定与坚定
我不爱世界　只爱最简单的你
只有如阳光般的你
才是我要的未来

糖心牛油果

tang xin niu you guo

糖心牛油果

准备食材

糖心牛油果： 牛油果 2 个○鸡蛋 50 克○培根 30 克○黑胡椒适量

牛油果奶昔： 牛油果 1 个、香蕉 1 根、牛奶适量

工具

刀○锅○搅拌机○烤箱○盘子

▶▶▶ 做法

❶ 洗净牛油果，用刀将其切开去核，在牛油果中加入鸡蛋。

❷ 预热烤箱，然后放入糖心牛油果，以上下火 180 ℃烤制 10 分钟。

❸ 将培根切丁，然后入锅煎制，直至香味散发。

❹ 取出烤好的糖心牛油果，在其表面撒上胡椒和培根。

❺ 将牛奶、香蕉、牛油果按自己喜欢的比例放入搅拌机，制作成牛油果奶昔。

❻ 将糖心牛油果摆盘，配上牛油果奶昔即可食用。

03

甜情蜜意桂花糯米藕

Shine Boy Diner

我眼中的你

初生时的你

粉肉可爱

聚集了所有的欢喜

就这样　来到我的身边

撒娇　粘人

像极了我的她

让我对你又爱又恨

你一点点填满我

填满我的生活

粉嫩的肉垫与我击掌

我们约定

你的安全感

让我来给予

你的信任感

让我来建立

而你只需在我搭建的城堡里

负责幸福到底

就这样

我眼中有你

有温柔　有宠溺

而你眼中有我

有你全部的世界

我想

这就是爱情最美的模样

gui hua nuo mi ou
桂花糯米藕

莲藕 2 节○干桂花适量○糯米 200 克○红糖 45 克○冰糖适量

工具
刀○筷子○高压锅

▶▶▶ 做法

❶ 将糯米浸泡 4 小时以上，泡至用手能轻易碾碎的程度就好。

❷ 将藕洗净后用刀削去外皮，从藕的一端大约 1 厘米处将藕切开，切下来的一端留着待用。

❸ 用筷子将泡好的糯米填入藕洞内。

❹ 将刚才切下来的藕节放在填好糯米的莲藕上盖好，用牙签将其固定防止掉落。

❺ 将封好口的莲藕放入高压锅，放入红糖、冰糖，再倒入适量清水没过莲藕，盖上锅盖，高压 15 分钟后，开盖改大火煮收汤汁，煮 1 ~ 2 小时，直至莲藕软糯。

❻ 接着在锅中放入干桂花煮 10 分钟，煮好后放置一旁，让莲藕浸在糖水中慢慢冷却。

❼ 将冷却后的莲藕捞出切片，淋上熬煮的糖汁，撒上些许干桂花点缀即可。

CHAPTER

04

蟹香四溢
Shine Boy Diner

感谢有你

清水划过你的肌肤

水珠欲留欲下

卸下你青涩的外壳

虽已渐渐成熟

却依旧见你面红掩羞

一寒一热

一冷一暖

开朗的你融化我全部的雪山

互补所有的不足

想要拥有你的全部

全部的好

于是　当醋意渐浓时

即迫不及待地把你吃掉

那是一种一次不够的满足

大闸蟹

准备食材

大闸蟹 2 只。生姜 30 克。醋适量

工具

蒸笼。擦丝器。勺子

▶▶▶ 做法

❶ 清洗大闸蟹。

❷ 将大闸蟹放进蒸笼开蒸。

❸ 用擦丝器将洗净的生姜刨碎，然后加醋用勺子搅拌制成蘸酱。

❹ 取出蒸好的大闸蟹，以及制好的蘸酱摆盘即可。

05

南瓜浓汤万圣节

Shine Boy Diner

Love Me Or Leave Me

夜幕悄然降临

化身真正的自己

那是我们熟悉的暗度

十二点钟后

"南瓜车"带来的甜蜜再难延续

而南瓜浓汤的甜蜜滋味

却是回味悠长的

汁香味浓的南瓜

一口下去　美味在唇齿间绽开

Love Me Or Leave Me？

答案只有一个

我想听你亲口告诉我

南瓜浓汤

nan gua nong tang

准备食材

小南瓜1个○淡奶油200克○洋葱丁适量○薄荷叶适量○法式长棍适量○
黄油适量○黑胡椒适量○盐适量

工具

蒸锅○刀○勺子○锅○木铲

▶▶▶ **做法**

❶ 将南瓜洗净，入蒸锅蒸至八分熟。

❷ 取出蒸好的南瓜，将其用刀切盖去籽。

❸ 以小勺取南瓜肉（注意力度），将其压制成泥。

❹ 热锅，放入黄油和洋葱丁用木铲煸炒，然后加入南瓜泥翻炒。

❺ 加入适量的淡奶油炖煮片刻，撒入少许盐和黑胡椒调味。

❻ 将煮好的南瓜浓汤盛入南瓜盅内，用淡奶油和薄荷叶点缀，搭配法式长棍即可食用。

CHAPTER

06

光棍节特辑
Shine Boy Diner

宠爱

我爱吃咖喱

你就会为我做好吃的牛肉咖喱饭

叮嘱我要把蔬菜一起吃完

不许挑食

而你却不知道

只有你做的菜

我才会乖乖地把蔬菜吃得精光

我喜欢冬天

喜欢穿得很少

这样你就能

把我的手整个包在你的掌心中取暖

我宠溺地摸着你的头发

仿佛整个世界都静止了

niu rou ga li cao mi fan

牛肉咖喱糙米饭

准备食材

芹菜适量○胡萝卜适量○土豆两个○青豆适量○牛肉400克○苹果片适量○
咖喱块35克○黄油适量○糙米饭适量

工具

玻璃碗○电饭煲○平底锅○饭碗

▶▶▶ 做法

❶ 将糙米倒入玻璃碗中洗净，浸泡片刻待用。

❷ 将浸泡好的糙米加入适量的水，放入电饭煲中进行焖煮。

❸ 把洗净的牛肉切成丁状，在锅中加入黄油滑炒。

❹ 将洗净的芹菜、胡萝卜、土豆切好，下锅煸炒。

❺ 再加入牛肉丁和适量的水，以及咖喱块和洗净的青豆一起炖煮。

❻ 把煮好的糙米饭盛在饭碗中。

❼ 将煮好的咖喱淋到糙米饭上，用苹果片点缀即可。

07

凯撒沙拉

Shine Boy Diner

食种男

人心之脆弱　差点就得到的失去

眼中之胜负　想要却没有的一切

命中该有

许多无可奈何　许多悲哀痛苦

路本是同样的路　只在乎怎样去走

既然终点一致　何苦挣扎

有光就有暗　有黑就有白　世事皆然

欲望　虚妄交存　勿忘　无望纠结

得之我幸　失之我命

不由自主　如是而已

从艹持戈　以戒不虞

食字　从人　从良

从生到死　甘其食　无使乏

人生而有幸　日常琐事为其一

愿以清冽之姿　重迎世事　再入江湖

种之男　江湖离

有所戒　食为天

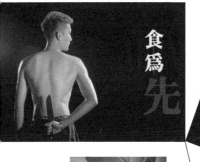

凯撒沙拉

准备食材

沙拉：帕玛森干酪适量○罗马生菜适量○去皮鸡胸肉 100 克○橄榄油适量
○现磨黑胡椒粒适量○面包粒适量○柠檬半个

沙拉酱：蛋黄 2 个○第戎芥末酱 6 克○红醋 15 毫升○橄榄油适量○油浸凤
尾鱼 50 克○大蒜 2 瓣○帕玛森奶酪 75 克

工具

玻璃碗○刀○勺子○烤盘

▶▶ 做法

❶ 蛋黄、第戎芥末酱和红酒醋倒入玻璃碗中，用勺子拌匀。

❷ 淋入橄榄油，将其搅拌至浓稠。

❸ 将油浸凤尾鱼和大蒜用刀切碎，加入酱中。

❹ 擦入帕玛森奶酪，加水拌匀即成沙拉酱。

❺ 将洗净的鸡胸肉片开，撒上盐和黑胡椒腌渍。

❻ 将烤盘烧热，淋上橄榄油，放入鸡肉煎制。

❼ 将煎好的鸡肉放凉切条，洗净的生菜切块，拌入沙拉酱，擦入帕马
森干酪，拌匀。

❽ 挤入柠檬汁，撒上面包粒，淋入剩余的沙拉酱，擦一些干酪于顶部
装饰即可。

08

无花果黄桃挞

Shine Boy Diner

Mi Amor

Mi amor[①]　你是炽热的太阳

恒久的温暖驱散惆怅

Tu amor[②]　起始于何种颜色

灿烂的笑容疗愈伤痛

Mi amor　你皎白如明月

沉醉于眼里的温柔荡漾

想到这里我不禁失了神

指缝中流露的爱意

用心勾画未来的轮廓

哪怕世界风雨不息

也要握紧你的手

流转的季节中

与你一起的时光

那么短　那么长　那么远　那么近

卸下我的防备我的伪装

全心全意感受

无法抗拒的爱和平静

哪怕转世再生

也要与你再次相遇

我内心的声音　你能听到吗？

它在说　我爱你

Mi amor　Te amo[③]

注：①（西班牙语）我的爱人

②（意大利语）我爱你

③（西班牙语）我爱你

准备食材

挞皮：低筋粉 90 克○黄油 60 克○细砂糖 20 克○蛋黄半个

挞馅：黄桃丁 100 克○细砂糖 15 克○柠檬汁 5 毫升○盐 1/4 小勺○黄油 10 克○无花果适量

挞水：糖粉 40 克○鸡蛋 1 个○柠檬汁 7 毫升○淡奶油 75 毫升

酸奶杯：草莓数颗○猕猴桃 1 个○酸奶 250 克○谷物少许○坚果少许

工具

玻璃碗○派盘○搅拌器○叉子○烤箱○碗○杯

▶▶▶ 做法

水果挞

❶ 将黄油融化，依次在玻璃碗中倒入细砂糖、蛋黄、低筋粉，将其揉至光滑，放入冰箱冷藏。

❷ 热锅放入黄油、黄桃丁翻炒，然后加入细砂糖熬煮，直到黄桃丁变软，关火，在锅中倒入柠檬汁、盐混匀，放置冷却，即成挞皮坯。

❸ 将淡奶油、鸡蛋、蛋黄、糖粉、柠檬汁倒入碗中，用搅拌器将其拌匀。

❹ 把挞皮铺在派盘上，用叉子叉出小孔，以上下火 180 ℃烘烤 10 分钟。

❺ 取出烤好的挞皮，倒入挞水和黄桃丁，以上下火 170 ℃烘烤 25 分钟。

❻ 烘烤完后，在其表面铺上无花果，放入烤箱再烘烤 5 ~ 8 分钟即可。

酸奶杯

❶ 将草莓、猕猴桃等水果洗净切片，沿杯壁放入。

❷ 在杯中倒入酸奶，再加入谷物、坚果即可。

Part 3

点点心意

CHAPTER

01

莓香吐司
Shine Boy Diner

恋恋不忘

我的唇

你的掌心

我有时呼吸到你的灵魂里的温柔气息

我的嘴对着你的嘴

我的眼睛对着你的眼睛

吞进嘴里很柔软的是某个森林

甜腻到出水

爱恨到放肆

撕拉　碰撞

坠入我生命的波流

神秘的交织

是黏稠液体下的心声

指尖触碰的果酱

是你最爱的口感

琢磨不透的你

让我欲罢不能

烘烤出爱的味道

你的掠过

溅起琼浆半点

你的灰烬远不足以扑灭我的灵火

你的遗忘远不足以吞没我的爱恋

吞香吐司

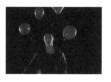

莓香吐司

草莓 250 克○树莓 125 克○白砂糖 75 克○柠檬半个○面包 2 片○蓝莓 20 克

工具

刀○玻璃碗○锅○多士炉○勺子○保鲜膜○瓶子

▶▶▶ 做法

❶ 将草莓、树莓、蓝莓洗净。

❷ 将草莓用刀切成小块，放入玻璃碗中。

❸ 在装有草莓和树莓的碗中撒上白砂糖，盖上保鲜膜，放入冰箱让其
腌渍出水。

❹ 将腌渍出水的水果倒入锅内大火煮开后，开锅盖转小火继续熬煮。

❺ 在熬煮期间对其进行搅拌，一边将果肉压碎，在其变黏稠的过程中，
挤入柠檬汁，直到彻底变稠、无明显流动液体，关火即可。

❻ 趁热把熬好的果酱装入高温灭菌的瓶子。

❼ 取出两片面包，放入多士炉中烤制。

❽ 面包烤好后，在其表面涂上果酱，再放上新鲜水果点缀即可。

CHAPTER

02

串串风情

Shine Boy Diner

肉的诱惑

淡淡的奶香味

随着习习微风

空气里　满是鸡肉香的味道

快速地　炙热地　融合交织

竹签将你缠绕

让你感受炽烈的温度

烤盘上滋滋的声音

是烤盘和油结合的呻吟

一直相信你有一颗外焦里嫩的心

就这样深深被你吸引

淡奶油的一点点甜

加上青柠的一点点酸

那是我们爱情的味道

鸡肉串

准备食材

鸡胸肉 400 克○淡奶油适量○胡椒粉 5 克○欧芹碎 5 克○海盐 7 克○酱油
15 毫升○蚝油适量○色拉油适量○欧芹叶适量○青柠半个○罗勒叶适量

工具

竹签○刷子○刀○玻璃碗○烤炉○盘子

▶▶ 做法

❶ 洗净鸡胸肉，用刀将其切丁待用。

❷ 在装有鸡肉的玻璃碗中倒入酱油、蚝油进行腌渍。

❸ 用竹签将腌渍好的肉丁串起来。

❹ 在烤炉上开火刷油。

❺ 在肉串上撒上胡椒粉、海盐、欧芹碎，然后放在烤炉上烤制。

❻ 在淡奶油中挤上青柠汁，再撒些欧芹叶制成蘸酱。

❼ 将烤好的鸡肉串装盘，撒上罗勒叶，摆上蘸酱即可食用。

03

森男可乐饼

Shine Boy Diner

等待爱情

我在找你的路上迷失

流连阑珊

难掩寂寞

孤独是诗人的旅行

我的孤独是一本书

一页页吹开岁月的封尘

泛黄的记忆洋溢着

我们的故事

你的爱里我的成分太少

我触摸不到你的心角

我试图一层层剥开

一探究竟

原来你是洋葱 本无心

烟雨下

淡淡涩涩氤氲着的是

你离开时的剪影

那一次风中最深情的回眸

是侵染了月华的流苏

一片森林那么广

我却独爱你一个

你是孤独的单体

我却想用全部来温暖你

多希望我爱你时

你爱的人也是我

那便是彼岸花开的幸福

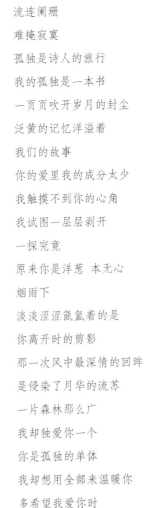

ke le bing
可 乐 饼

准备食材

土豆 1 个◦洋葱 1 个◦肉末 300 克◦鸡蛋 120 克◦面粉 100 克◦面包糠
100 克◦黑胡椒粉适量◦面包糠适量◦食用油、盐各适量

工具
刀◦锅◦网状漏勺◦木铲◦盘子

▶▶▶ 做法

❶ 将土豆洗净，用刀去皮，放入锅中蒸熟。

❷ 将蒸好的土豆取出，放置在室内风干约 2 小时再捣成泥。

❸ 将洋葱洗净切成丁状。

❹ 在炒锅中倒入少许油，烧热后放入洋葱丁炒软，再倒入肉末，继续
翻炒。

❺ 肉末变色后加入少许的盐，再加入些许黑胡椒粉调味，拌匀后即可
关火。

❻ 将炒好的洋葱肉末倒入土豆泥中用木铲拌匀，馅料与土豆泥的比例
为 1：1。

❼ 将混合好馅料的土豆泥分成若干份，用手搓成自己想要的形状，然
后再依次裹上面粉、蛋液、面包糠。

❽ 将裹好材料的土豆泥炸至金黄色，用网状漏勺沥干油成分，摆入盘
中即可食用。

CHAPTER

04

圣诞花环面包
Shine Boy Diner

为你而来

冬日炙热流汗　夏夜清风徐来

北极会出现企鹅

金鱼只有七秒记忆

贪杯下车还知路牌

在我没遇到你之前

我不曾想过丢掉手中地图

搅拌才知深浅　品尝才知甜咸

你的一字一句牵动着我

烦恼　无聊　大笑

发酵　沸腾　爆炸

你是时光冲不散的温暖

带走烛光摇曳不停的彷徨

你是日光倾城普照心房

带走美丽故事里所有遗憾

全因有你　太多情话　不会起茧

一个拥抱可以褪去疲惫沧桑

我用花环换你一个微笑

你用一颗红豆换我一个宇宙

我就是为你而来呀

不在乎万水千山

我就是为你而来呀

哪怕前方荆棘重重

让它们扑面而来呀

请你一定要

一定要接住我滚烫的一颗心

里面全是甜言蜜语　糖衣炮弹

不用沉默　不用寂寞

旅行的脚步因为你停滞不前

单人行囊换成红色双人床

一百次相遇不如陪你过一次圣诞

冬夜的璀璨　开始有答案

是天涯的石沉大海

众里寻人不会错爱

圣诞花环面包

准备食材

高筋面粉 265 克○白砂糖 30 克○盐 3 克○即发干酵母 4 克○鸡蛋 1 个○牛奶 120 毫升○黄油少许○葡萄干适量○坚果适量○全蛋液适量○糖霜适量

工具

玻璃碗○搅拌器○烤箱○刷子

▶▶▶ 做法

❶ 隔水融化黄油，加入白砂糖、盐进行融化。

❷ 在玻璃碗中倒入面粉、鸡蛋、加糖盐热融后的黄油、即发干酵母，用搅拌器搅拌。

❸ 然后一边倒入牛奶一边将其揉捏成团，接着将面团放于室温下发酵。

❹ 当面团发酵至原体积的 2 ~ 2.5 倍时发酵完成。

❺ 发酵结束后将面团内空气挤压出去，均匀地分成 3 等份。

❻ 将面团搓揉成 3 根均匀长条，编成麻花，头尾部用手捏紧。

❼ 用葡萄干和坚果点缀在花环面包上，放至室温下进行最后发酵。

❽ 在面包表面刷上全蛋液，放入预热好的烤箱中，以上下火 180 ℃烤制 20 分钟。

❾ 出炉后的面包上撒上糖霜点缀即可。

CHAPTER

05

初秋迷情之鸡蛋布丁
Shine Boy Diner

布丁情话

乳白色衬衣

是我初见你时的模样

散发着奶香的味道

甜腻的气息霸占着我整个鼻腔

高冷沉稳　是你的姿态

光滑不堪一击的躯壳

是你最后的防线

溢出如胶般的蛋白

顺着方向滑落

搅拌　融合

时间一秒一分

温度攀升

完美的成品

终于在等待之后

出现

初秋迷情 鸡蛋布丁

鸡蛋布丁

准备食材

鸡蛋 6 个○白砂糖适量○淡奶油 60 毫升○牛奶 60 毫升

工具

电磁炉○锅○开蛋器○玻璃碗○搅拌器○滤网○锡纸○烤箱○盘子

▶▶▶ 做法

❶ 在电磁炉上热锅，倒入牛奶和白砂糖一起熬煮。

❷ 将煮好的牛奶放置一旁冷却。

❸ 用开蛋器打开鸡蛋。

❹ 将鸡蛋倒入玻璃碗中，用搅拌器拌匀。

❺ 将淡奶油及牛奶用滤网倒入鸡蛋之中。

❻ 将蛋奶液倒进鸡蛋壳中，蛋壳底部用锡纸包裹。

❼ 把装有蛋奶液的鸡蛋壳放入烤箱，以上下火 180 ℃，烘烤 30 分钟。

❽ 烤好后取出，装盘点缀即可。

06

Love's lost

Shine Boy Diner

真
情

小心翼翼地靠近

不动声色地勾引

耐心地收集

你喜欢我的证据

你的模样

自成一派风景

空气中翻滚着甜度很高的妖气

先捣碎骄傲

再加半颗真心

不择手段迎合你

过滤警惕

搅乱理智

你还高高在上

我已岌岌可危

失态前

双手奉上

你面前

是我被吃定了的真心

不必荣幸

谁来我都会靠近

请别相信

你有过人的超能力

遗失的爱

准备食材

蓝莓 30 克○草莓适量○巧克力适量○伏特加 30 毫升○可可利口酒 30 毫升○百利甜酒 30 毫升○奶油适量○冰球 1 个○冰块适量

工具

杯子○吧勺○漏网○奶枪○气弹○刀○冰桶

▶▶▶ 做法

❶ 将冰块放入杯中静置，待杯子冷却后倒出冰块。

❷ 另置一个杯子，加入洗净的蓝莓捣碎后再加入伏特加和冰球，然后用吧勺搅拌。

❸ 用漏网萃取蓝莓伏特加备用。

❹ 将冰杯倒去冰块，倒入可可利口酒铺底。

❺ 沿着吧勺倒入百利甜酒，分成两层。

❻ 将植物奶油倒入奶枪，加入气弹充分摇匀，然后放入冰箱制冷 10 分钟。

❼ 清洗水果，将草莓用刀切成片状。

❽ 拿出奶枪在杯中加入一层奶油。

❾ 在杯壁放入草莓片和蓝莓后，再加一层奶油。

❿ 将蓝莓伏特加淋在奶油上。

⓫ 最后在奶油上撒上巧克力碎点缀即可。

CHAPTER

07

白色回忆
Shine Boy Diner

来不及说再见

曾经是一首太温柔的情歌

如今你的悲喜

有了新的容身之处

再也找不到拥抱的理由

原来我渺小得多不起眼

辗转 觉醒

枕边的空旷 如同我空洞的皮囊

不管睡在哪边

都讽刺你早已离开

没有你的我

很不完整

哪里都有你的影子

沉浸 没水

静止在自己的世界

努力淹没所有的记忆

脑中却不停回闪

你所有的美好

人生有太多不完美

太多来不及说的再见

太多没来得及表达的情愫

你就这样离开

带走了我所有的思念

低头 泪盈于睫的闪烁

眼里的悲伤被无尽地放大

而后 坠落 坠落

碎裂 一地的清寒

准备食材

洋葱 400 克○土豆 500 克○胡萝卜 200 克○西蓝花适量○白蘑菇适量○三文鱼 300 克○橄榄油适量○黄油适量○牛奶 200 毫升○低筋面粉适量○盐适量○黑胡椒适量○牛角包 2 个

工具

刀○锅○汤匙

▶▶▶ 做法

❶ 洋葱洗净切成细丁,再将其中一个蘑菇洗净切丁,剩下三个切成厚片。

❷ 胡萝卜和土豆洗净去皮切滚刀块,西蓝花去根后用手掰开,洗净。

❸ 小火热锅,在锅中加入黄油使其融化,再倒入蘑菇碎翻炒,加入两汤匙低筋面粉,用小火进行搅拌至面团结块,然后分多次加入牛奶,煮至呈黏稠状,即成白酱。

❹ 热锅后倒入橄榄油,以中高火将备好的三文鱼煎至四面微焦的状态,将其切块。

❺ 再次热锅,倒入少量橄榄油,以小火炒洋葱,待洋葱变至微黄后加入土豆、胡萝卜、蘑菇片一起翻炒 1 分钟。

❻ 然后加入冷水,没过食材即可,盖上盖子,大火煮开后转中火,直至土豆酥软,再加入三文鱼,取几勺蔬菜汤倒入白酱中稀释,然后倒入蔬菜搅拌融合。

❼ 开中火后加入西蓝花慢慢翻动,接着加入盐和黑胡椒调味,直至浓稠后即可出锅。盛盘后,可配着面包一起吃。

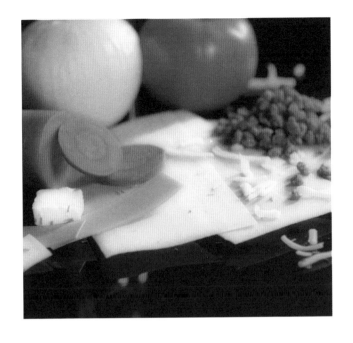

CHAPTER

CHAPTER

08

西西里千层面

Shine Boy Diner

等候

你说要开始一场漫长的旅行

于是你搬走了

一切就这么发生好了

前一秒电闪雷鸣

下一秒尘埃落定

闹市中炸响寂静的雷

不在意的人察觉不到

他们说拍一张照片

可以留在身边

配一个不贵的相框

就能天长地久

我只想要来自你的信

告诉我什么是什么　谁是谁

至少展信的那刻会很开心

希望你那里天气很好

不会太冷也不会热

每个人都愿意向你问好

没有烦恼

你要完成你的理想

我还守着我的愿望

如果还回得来　就照一张相

活在大多数人的期望中

不再胡思乱想

西西里千层面

洋葱粒 100 克○番茄粒 150 克○番茄酱适量○牛肉馅 300 克○胡萝卜粒 100 克○马苏里拉芝士适量○千层面面片适量○牛奶适量○面粉适量○黄油适量○黑胡椒适量○白糖适量○百里香适量○盐、橄榄油、迷迭香各适量

平底锅○烤碗○铲子○烤箱○盘子

▶▶▶ 做法

❶ 将橄榄油倒入平底锅中，用铲子翻炒牛肉馅，然后加入胡萝卜粒和洋葱粒继续翻炒。

❷ 待食物炒出香味后，加入番茄、番茄酱和水。

❸ 加入适量迷迭香和百里香，再加入少许黑胡椒和白糖调味。

❹ 中小火炖煮半小时后，收汁，即成牛肉酱。

❺ 烧一锅水，放入千层面片，加入橄榄油和盐煮 5 分钟，煮好后捞出待用，面片涂抹些许橄榄油防粘。

❻ 热锅融化黄油，加入面粉，搅拌均匀后加入牛奶。

❼ 以黑胡椒调味，顺着一个方向搅拌至黏稠，即成白酱。

❽ 烤碗内涂抹少许橄榄油，以一层面片、白酱、牛肉酱、马苏里拉芝士的顺序依次摆放。在最后一张面皮上按个人口味加上白酱、牛肉酱、马苏里拉芝士。

❾ 把千层面放入预热好的烤箱中层，以上下火 220 ℃烤制约半个小时，直到表面上色，将烤好的千层面盛出摆盘。

Part 4

恋人未満

CHAPTER

01

冬日暖锅
Shine Boy Diner

相伴

窗户隔开喧嚣

暂借这片刻的宁静

阳光洒进房间

温暖如初

长长的绒毛

明亮又无辜的眼神

可爱时吐露的舌头

软软的肉垫

都是你的标志

你酣睡在角落时的样子

你见到美食激动跳跃的样子

你撒娇蹭腿时的样子

我不懂你的世界

却懂你的快乐

没有心事　没有烦恼

总能带走我所有的负能量

我的朋友

你安静地听着我的诉说

说着我的心事

我和她的一切

那些连同你一起的记忆

你驱赶了我的孤独

带来冬日里最温暖的微笑

一辈子如此短暂

却选择一直陪伴

冬日暖锅

准备食材

肥牛 100 克○丸子 120 克○鹌鹑蛋 100 克○鱼豆腐 80 克○蟹肉棒 50 克○
蛋饺 200 克○老豆腐 100 克○金针菇 30 克○香菇 30 克○白菜 2000 克○
茼蒿菜适量○胡萝卜 200 克○玉米 300 克○黑木耳适量○油面筋适量○大
葱花适量○鸡蛋适量○黄油适量○白糖适量○酱油适量○味啉适量○盐适量
○橄榄油适量○猪肉糜适量○生粉适量○料酒适量

工具

刀○玻璃碗○筷子○铁勺○锅○酒精炉○刷子○盘子

▶▶▶ 做法

蛋饺

❶ 在玻璃碗中倒入鸡蛋并用筷子打散，然后把少许生粉与 1 勺水调匀
倒入蛋液里，再加上 1 小勺橄榄油进行搅拌。

❷ 另置一碗，放入肉糜，在碗中加入少许盐、料酒、酱油和葱段进行搅拌。

❸ 在铁勺内刷上橄榄油，然后加入蛋液，转动勺子将蛋液于勺中铺满。

❹ 在将近成型的蛋液中放入肉馅，对折成饺子状，完成后放入盘中。

暖锅

❶ 将蔬菜洗净，用刀将其进行切配处理。

❷ 在锅中倒入橄榄油，将切好的老豆腐煎至两面金黄备用。

❸ 再将黄油融化，放入肥牛煎制，在锅中加入少许白糖，倒入酱油、味啉，
加水，再把牛肉推到一边，依次放入茼蒿菜、金针菇等剩余食材。

❹ 开锅后搭配生鸡蛋液一起食用即可。

02

爱の棒棒糖

Shine Boy Diner

想
你

摩天轮里面

独处的时间

至高点的拥吻

甜蜜得窒息

是幸福散发出的光圈

糖是甜　唇是蜜

我能感觉你的心跳　手心的温度

我望着你的眼睛

就像星星落在地面

游乐场的音乐不要结束

夜幕不要降临

你是不是就不会离开

旋转木马　一圈一圈

你我保持着安全的距离

好在风景轮回　我还能看见你

如果一切都能回到原点

绚烂后的离别　不需要道歉

我们就像旋转的木马

始终无法并肩

我始终追不上你的步伐

没有情人的情人节

我褪去糖衣　尝着嘴里的糖果

伪装很甜蜜

路上人很多

所以我忘了一个人走有多寂寞

只是有一点　想你

bang bang tang

棒 棒 糖

珊瑚糖适量○水适量○糯米糖纸适量

工具

奶锅○燃气炉○食用纸棒○棒棒糖模具

▶▶▶ 做法

❶ 将珊瑚糖和水按 10:1 的比例倒入奶锅，将其搅拌溶化。

❷ 等珊瑚糖全部溶化后放置一旁冷却至气泡消失。

❸ 在模具中倒入三分之一的糖浆。

❹ 等待糖浆冷却。

❺ 把糯米糖纸反放在糖浆上。

❻ 放入食用纸棒。

❼ 用糖浆把模具剩余部分填满。

❽ 完全冷却后取出就完成了。

CHAPTER

03

班尼迪克蛋
Shine Boy Diner

存在

刺耳的闹铃响起

头痛欲裂

眼前一片模糊

迷失了自己

双人床

却独留一人

一闭眼　全是你的样子

你在我耳边喃喃私语

轻抚长发

依然能感觉到你的呼吸　你的心跳

酒顺着瓶口

滑入口腔

灼伤我每一寸肌肤

胸口的位置

好像还留有你的温度

鸡蛋苏打水

把我从记忆中拉回

遗憾的是

你不能吃到我的心意

班尼迪克蛋

准备食材

面包 1 片○菠菜适量○培根 20 克○鸡蛋 200 克○白醋适量○黄油适量○柠檬半个○盐适量○黑胡椒适量

工具

平底锅○铲子○耐热容器○搅拌器○勺子○盘子

▶▶▶ 做法

荷兰酱

❶ 将黄油入锅融化,小火煮沸,撇去白色泡沫,关火使其沉淀,取出待用。

❷ 在锅内烧少量的水,沸腾之后转小火让水保持慢沸;打入三个蛋黄,将蛋黄打匀放入耐热容器内,挤入柠檬汁。

❸ 再将耐热容器置于水沸的锅上,利用水蒸气加热(容器不能和水接触),同时用搅拌器快速地搅打。

❹ 将黄油慢慢加入打好的蛋黄中,同时快速进行搅拌。多次重复此步骤,直至黄油完全倒完。最后加入盐、黑胡椒进行调味,制成荷兰酱汁。

班尼迪克蛋

❶ 热锅,放入面包,将其煎至微黄后取出待用。

❷ 在平底锅内涂上黄油,放入培根用中火煎至焦黄取出。

❸ 将菠菜洗净,放入黄油热炒,用盐调味。

❹ 另置一锅,倒入水将其煮沸,加入少量的盐和白醋,水烧开后用勺子在锅内旋转,锅中出现漩涡后将鸡蛋打入,煮 2 ~ 3 分钟后,将其捞出。

❺ 将面包装盘,放上培根、菠菜叶和荷包蛋,浇上荷兰酱汁,即可食用。

CHAPTER

04

樱の水信玄饼

Shine Boy Diner

樱花

暖阳下缠缠绵绵

挑满枝头的粉色

像恋爱中的少女

娇羞而又甜美

樱花中走出的少年

逆光而行

寻找着他的樱花少女

那样美得不可方物

樱花虽美

但年华易老

终会消逝

一片片地飘落

却带不去心头淡淡的忧伤

一朵花坠落的速度

连时间都放慢了脚步

我用时间去追赶你

追赶这一瞬的美丽

落英缤纷成冢

春尽飘零随风舞

明年樱花落时

你是否还在

准备食材

盐渍樱花适量○白凉粉 8 克○细砂糖适量○白开水适量○红糖 30 克○黄豆粉适量

工具

勺子○碗○模具○漏斗○锅

▶▶▶ 做法

❶ 将盐渍樱花提前用凉白开泡开。

❷ 另置一碗，放入白凉粉和细砂糖，倒入开水，开小火边搅拌边煮至沸腾。

❸ 煮好液体后关火静置 3 分钟。

❹ 将液体倒入模具，约为五分满，在其中放入泡开的樱花，扣上模具。

❺ 把漏斗插入模具盖上的小孔中，将剩下的模具填至一半。

❻ 静置 1 小时等待其凝固。

❼ 将红糖加入 20 克水，以中小火煮至红糖溶化黏稠，制成蘸酱。

❽ 水信玄饼凝固取出后，淋上蘸料和黄豆粉一起食用即可。

05

辣香滋味

Shine Boy Diner

上瘾

扑面而来的热情在嘴边纠缠

唇齿留恋那种

炽热的辛辣夹杂着清新香甜的味道

指尖滑过

感受柔软的触感

细腻黏稠在手心缠绵

一切的准备

都是为在这一刻的交织

鼻尖浸出细微的汗水

红唇皓齿让人忍不住吮吸品尝

眼睛里只剩下

让人迷失的这红与白

娇嫩欲滴的肢体

缓缓伸展

耳边是暧昧的呢喃

指尖经过的每一寸皮肤都在颤栗

一口将你吞噬

那种又爱又恨的感觉

充斥着我身体的每一个细胞

一切都为你倾倒

一勺热油　浇在心头

"嗞啦"一声细微的声响

氤氲蒸腾的热气

眼前的那一抹若隐若现的红

都让人煎熬难耐

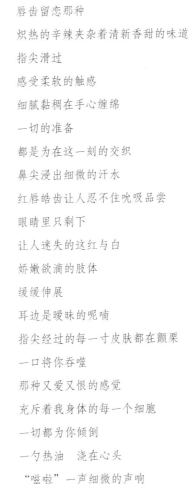

shui zhu niu rou

水煮牛肉

牛肉600克○生菜适量○黄豆芽适量○黄瓜适量○姜适量○蒜适量○蛋清适量○料酒适量○蚝油适量○生粉适量○橄榄油适量○豆瓣酱适量○干辣椒8克○花椒适量○食用油适量

工具

刀○碗○锅○木铲

▶▶▶ 做法

❶ 将牛肉洗净切片，加入料酒、蛋清、蚝油、生粉、橄榄油、水拌匀，放入碗中腌渍半小时。

❷ 姜洗净用刀切片；蒜洗净切末。

❸ 洗净生菜、黄豆芽、黄瓜。

❹ 将黄瓜切片备用。

❺ 热锅烧水，将黄豆芽倒入沸水中余煮一下，捞出沥干水分，铺在碗底。

❻ 热锅冷油煸炒生菜，炒熟铺在黄豆芽上面，再铺上黄瓜。

❼ 在锅内倒入比平时多2～3倍的油，放入姜片、花椒和豆瓣酱进行煸炒，最后加入大量的水，以大火煮开。

❽ 待水煮开后，将牛肉一片片放入，熟了之后立即熄火，将其倒入已经铺好蔬菜的碗内。

❾ 将蒜泥、洗净的干辣椒和花椒进行煸炒，出香味后倒在碗的中央。

❿ 最后将九成热的油淋在蒜泥和辣椒上面即可。

06

请在最美好的时候吃掉我

Shine Boy Diner

愚人节

You had me at "Hello"
你一出场别人都显得不过如此
Special for you
所有幼稚的坏心思
都想用在你这里
我想我不是一个好演员
我用最拙劣的演技
去表现最真挚的情感
看似愚人节的玩笑
却是最认真的告白

恶 作 剧 饼 干

准备食材

黄油150克○蛋黄2个○糖粉100克○低筋面粉285克○奶油奶酪100克
○芥末、柠檬汁（选用）

工具

搅拌器○玻璃碗○筛子○长柄刮板○刮刀○保鲜膜○烤箱○裱花袋○筛子

▶▶▶ 做法

饼干

❶ 将120克黄油倒入玻璃碗中，待其软化后用搅拌器打至顺滑，然后
加入75克糖粉，打至糖粉融化。

❷ 接着加入蛋黄，继续打发黄油至发白。

❸ 低筋面粉过筛两次后，加入打发好的黄油中，用长柄刮板搅拌均匀
至无干粉。

❹ 把拌好的面团放到保鲜膜上捏成长条形，用刮刀辅助整形，然后把
整形好的饼干放入冰箱冷藏2小时或冷冻1小时。

❺ 冷藏过后，取出饼干即可切片。将其均匀放在烤盘上，以上下火
180℃，烤制12～15分钟。

夹心馅

❶ 将奶油奶酪放于玻璃碗中隔热水软化后，加入25克糖粉搅拌均匀，
再加入30克黄油，搅拌至光滑，制成饼干夹心馅。

❷ 将做好的夹心馅装入裱花袋中，均匀地挤在饼干上（部分饼干挤入
芥末），两片合起来，即可食用。

CHAPTER

07

为你煮茶

Shine Boy Diner

喜欢你是自然而然的事

有你的地方便是归途

你或许不知道

每天的你都不一样

因为

你有一百种美好的模样

比任何时候都期待回家

见到你

是我每天最大的期待

最幸运的事

便是

喜欢的人正好爱着自己

想起有些人的时候

嘴角会上扬

我想

这就是爱情

只有你能吸引我

你不知道

你的出场让周围变得静谧

目光也被你吸引

为你煮的奶茶

慢慢地沸腾

就像想念你的温度

喜欢你不是一个决定

是在见你的第一眼就自然发生的事

[红糖姜母奶茶]

hong tang jiang mu nai cha
红糖姜母奶茶

准备食材

红茶 5 克○生姜适量○红糖适量○淡奶 200 毫升○玫瑰花茶花瓣适量

工具

刀○奶锅○筛子

▶▶▶ 做法

❶ 将生姜洗净用刀切片，红茶置入茶包。

❷ 将红茶包、姜片入锅，加入纯净水，煮沸后以小火沸腾三分钟，然后关火焖 10–15 五分钟。

❸ 加入淡奶、红糖，小火继续煮。

❹ 不要将牛奶煮开，煮到奶锅边上冒出细细的泡泡，淡奶表面浮现薄薄的奶皮，即可关火。

❺ 将煮好的奶茶倒出来过筛，可以更大地激发香味。

❻ 在奶茶表面撒上玫瑰花茶花瓣，即可饮用。